思維遊戲大挑戰

U0099947

大腦啟動

聰明孩子喜歡的數學謎題 高小篇

杜佩華 著

% π × ÷

新雅文化事業有限公司
www.sunya.com.hk

思維遊戲大挑戰

大腦啟動！聰明孩子喜歡的數學謎題（高小篇）

作　　者：杜佩華

插　　圖：Yedda Cheng

責任編輯：林沛暘

美術設計：鄭雅玲

出　　版：新雅文化事業有限公司

　　　　　香港英皇道 499 號北角工業大廈 18 樓

　　　　　電話：(852) 2138 7998

　　　　　傳真：(852) 2597 4003

　　　　　網址：http://www.sunya.com.hk

　　　　　電郵：marketing@sunya.com.hk

發　　行：香港聯合書刊物流有限公司

　　　　　香港新界大埔汀麗路 36 號中華商務印刷大廈 3 字樓

　　　　　電話：(852) 2150 2100

　　　　　傳真：(852) 2407 3062

　　　　　電郵：info@suplogistics.com.hk

印　　刷：中華商務彩色印刷有限公司

　　　　　香港新界大埔汀麗路 36 號

版　　次：二〇二〇年二月初版

ISBN: 978-962-08-7407-9

© 2020 Sun Ya Publications (HK) Ltd.

18/F, North Point Industrial Building, 499 King's Road, Hong Kong

Published and printed in Hong Kong

目錄

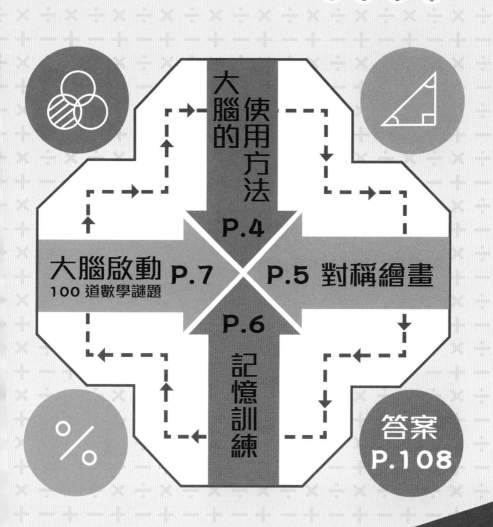

大腦的使用方法

　　大腦跟你的身體一樣，也需要不斷鍛煉，才能保持腦筋靈活。本書為高小學生設計 100 道富挑戰的數學謎題，題型千變萬化，能讓你挑戰腦筋極限！

　　不過一下子做太複雜的數學謎題實在耗損大腦，建議先完成本書第 5 至 6 頁的 對稱繪畫 和 記憶訓練 兩個活動，讓大腦熱熱身。

大腦啟動

- 若大腦已有充分準備，便可挑戰 大腦啟動 的數學謎題。
- 謎題按難度指數分為 5 級，獲得 5 顆 ▢ 表示難度最高。
- ⏱ 標示出完成謎題的時限，建議答題時使用秒錶計時，挑戰自我。
- 作答時除了要看圖外，還要仔細閱讀 ⬭ 內的問題。
- 完成題目後請核對答案，若不懂怎樣做，可看看答案頁上的 ➗ 大腦筆記 幫助思考。

腦力對戰棋

- 這本書既可讓你獨自享受解開數學謎題的樂趣，也可讓你與眾同樂！
- 你可邀請一個朋友與你一起玩 腦力對戰棋 ，互相對決，看看誰擁有最聰明的數學腦。

對稱繪畫

工具：兩枝筆

什麼是「對稱」？ 那就好像把一個圖形分成一半，其中一半跟另一半在鏡中的樣子一模一樣。右面就是對稱的例子！

現在請你左右手分別同時拿起一枝筆，然後嘗試在下方隨意畫一些對稱的線條或圖形。起初可能畫得不太順暢，但你的大腦會漸漸適應，越畫越好呢！

這活動能讓身體和大腦互相協調，使你的手、眼和大腦更加靈活！

記憶訓練

 請翻到這本書第 13 頁，然後用秒錶計時 10 秒，同時盡力記憶這一頁的內容。時間到了，請回答以下問題。
俊俊戴着什麼顏色的帽子？

 請翻到這本書第 60 頁，然後用秒錶計時 30 秒，同時盡力記憶這一頁的內容。時間到了，請回答以下問題。
請說出任何 5 個腳印上寫着的數字。

 請翻到這本書第 73 頁，然後用秒錶計時 10 秒，同時盡力記憶這一頁的內容。時間到了，請回答以下問題。
紫色環柱體上寫着什麼數字？

 請翻到這本書第 93 頁，然後用秒錶計時 20 秒，同時盡力記憶這一頁的內容。時間到了，請回答以下問題。
啡色方格中有哪幾個數字？

 請翻到這本書第 100 頁，然後用秒錶計時 20 秒，同時盡力記憶這一頁的內容。時間到了，請回答以下問題。
這一頁共有多少隻企鵝把兩隻眼睛都張開了？

 這活動能提升你的觀察力、集中力，更會讓你的腦袋更靈光！

答案：1. 藍色　　2. 見第 60 頁　　3. 5　　4. 1、2、3、5　　5. 4 隻

A　B　C

D　E

F　G　H

觀察上面 8 幅車輪圖，哪一幅與其他的不相同？

8

難度指數：⬛⬛⬛⬜⬜　　限時：**02** 分鐘

5

2

9

—

這是分數線。

用上面的數字卡，最多可以組成多少個不同的分數？（每個分數都必須包括這 3 個數字）

5	4	6	4	7	4	5
4	3	🍅	2	4	1	4
6	4	6	9	6	4	🍆
4	2	9	5	8	2	4
🥕	4	6	8	7	4	6
4	1	4	🎃	4	9	4
5	4	6	4	6	4	9

觀察上圖中的數字排列，你知道 4 種蔬菜分別代表哪一個數字嗎？

下面 3 個菱形是由 16 枝牙簽拼砌而成。

變為 6 個??

現在要移動 4 枝牙簽，使菱形的數量變為 6 個，你知道應怎樣移動嗎？（牙簽不可以重疊）

難度指數：🔲🔲🔲🔲🔲　　限時：**01** 分鐘

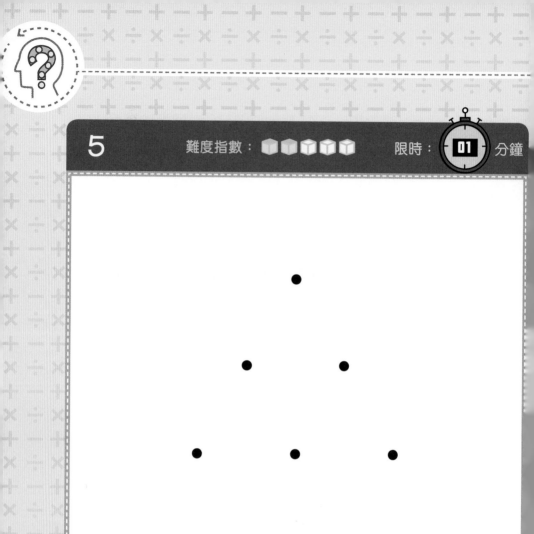

如要利用上面卡紙上的黑點來連成三角形，你知道共有多少種方法嗎？

俊俊和表妹都是家中的獨生子女，兩人只有表兄弟姊妹。

我沒有兄弟姊妹。

我也是，而我的表姊妹比表兄弟少 3 人。

俊俊

俊俊的表妹

根據俊俊表妹的說話，你知道俊俊的表姊妹比表兄弟少幾人嗎？

一塊長方形土地的長和闊分別是 125 米和 90 米。機械人要在土地的各邊放上雪糕筒，相鄰雪糕筒之間相距 5 米，現在它已在每個角放了一個雪糕筒。

你知道機械人最後共放了雪糕筒多少個嗎？

家裏有一個每次只能焗 2 件班戟的焗爐，而焗班戟的一面
需要 1 分鐘。

如果要焗出 5 件班戟，且班戟的兩
面都要焗，最少需要多少分鐘？

樂樂把透明卡通貼紙貼在磁磚上來裝飾廚房，後來他發現磁磚上的貼紙有一個特性，下面顯示已完成的一部分。

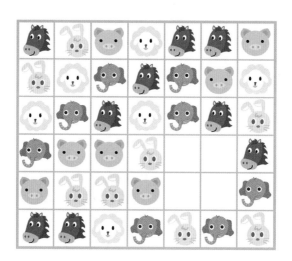

A

B

C

D

根據已完成的部分，你知道 A 至 D 中哪一幅圖是餘下的部分嗎？

樂樂在白板上寫了下面 4 道算式。

$$6 \times 2 = 1$$
$$9 \times 4 = 3$$
$$12 \times 6 = 6$$
$$15 \times 8 = 10$$

這些算式看似不成立，但樂樂卻有合理的解釋。你知道他怎樣去解釋嗎？

壁報上原本有 9 幅有規律的花兒圖，但右下角那一幅竟然遺失了。

A　　**B**　　**C**　　**D**

你知道 A 至 D 中哪一幅是遺失的花兒圖嗎？

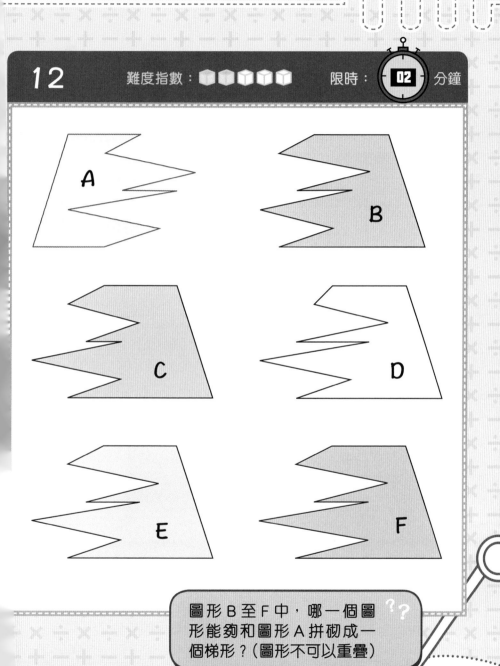

圖形 B 至 F 中，哪一個圖形能夠和圖形 A 拼砌成一個梯形？（圖形不可以重疊）

一位士兵要進入城堡，但必須通過 3 道圍牆，而打開每道圍牆都需要密碼，這些密碼都有相同規律。

1	3	5	3
3	5	1	1
7	3	3	5
1	5	1	3

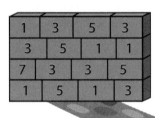

密碼是3157。

密碼是8462。

4	6	4	8
4	8	4	2
8	6	8	8
2	8	8	6

3	2	3	2
2	3	2	2
1	2	3	2
1	4	3	3

密碼是什麼？

他已通過首兩道圍牆，你能夠替他找出餘下一道圍牆的密碼嗎？

14

難度指數： 限時： 分鐘

I

II

A

B

C

D

E

F

如果圖 I 對應圖 A，那麼與圖 II 對應的是 B 至 F 中哪一幅圖？

攝影師用放大鏡看了一些照片。

A

B

C

D

E

F

上圖中，哪兩個影像來自
同一張照片？

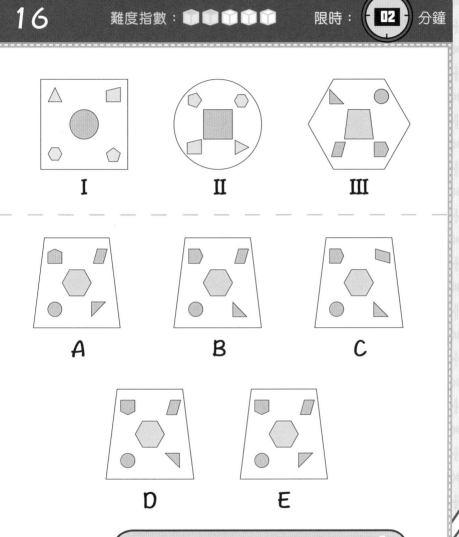

如果圖 I 對應圖 II，那麼與圖 III 對應的是 A 至 E 中哪一幅圖？

遊戲室裏有 4 面牆壁，每面牆壁最多可放 10 張椅子。

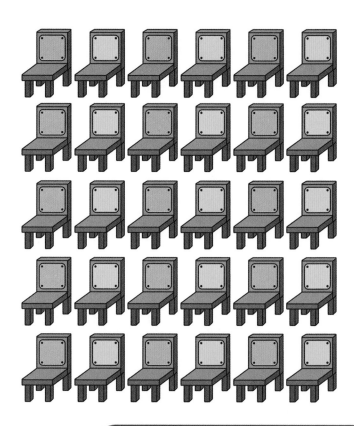

如要把上面的椅子椅背靠着 4 面牆壁擺放，使每邊牆壁的椅子數量相同，但不可以疊起來，還要有足夠空間讓人坐下。你知道應怎樣擺放嗎？

難度指數：⬜⬜⬜⬜⬜　　限時：**02** 分鐘

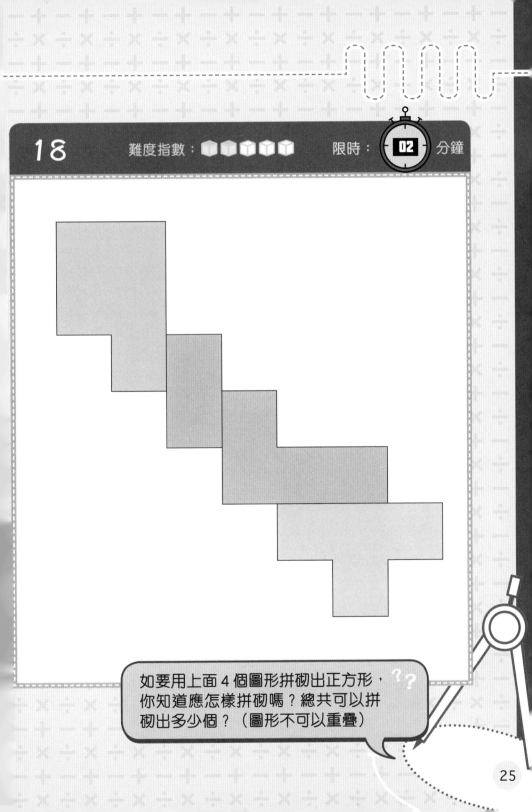

如要用上面 4 個圖形拼砌出正方形，你知道應怎樣拼砌嗎？總共可以拼砌出多少個？（圖形不可以重疊）

用 8 個 2 可以組成一道結果是 2 的算式，且當中要包括
＋、－、× 和 ÷ 至少各 1 個，更不可以使用其他符號。

$$2\ 2\ 2$$

$$2\ 2\ =\ 2$$

$$2\ 2\ 2$$

你能把想到的算式寫出來嗎？ ??

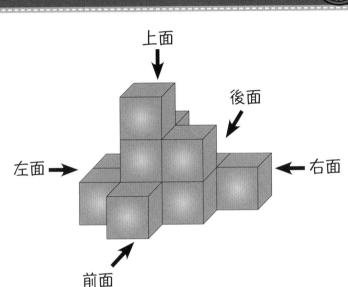

上面

後面

左面 →

→ 右面

前面

樂樂從不同角度觀看上面的立體，其中從「後面」畫出來的平面圖是：

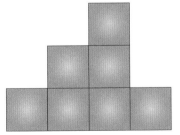

你知道從「前面」、「上面」、「左面」和「右面」畫出來的平面圖是怎樣嗎？

下面的卡紙上有 4 點。

如要把這 4 點連成一個正方形，你知道應怎樣做嗎？

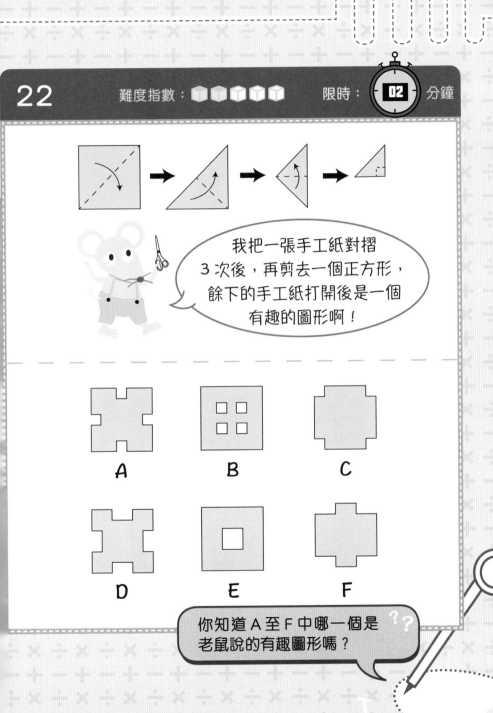

下面是由大小相同的圓柱積木堆砌而成。

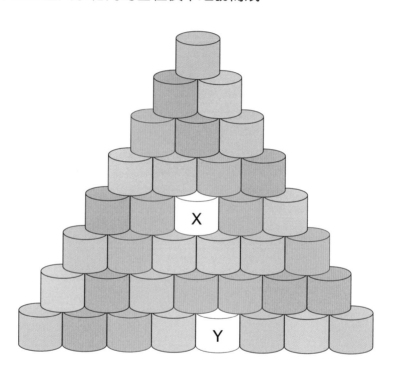

綠？紫？橙？藍？

觀察這些積木的顏色規律，你知道積木 X 和積木 Y 分別是什麼顏色嗎？

下面有 8 張紙條。

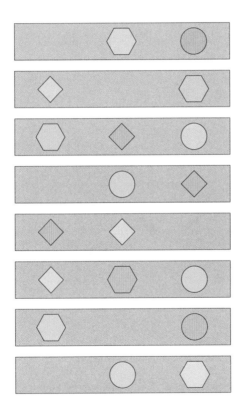

如要使每一直行內的各種圖形數量都相同，最少要把多少張紙條左右翻調？

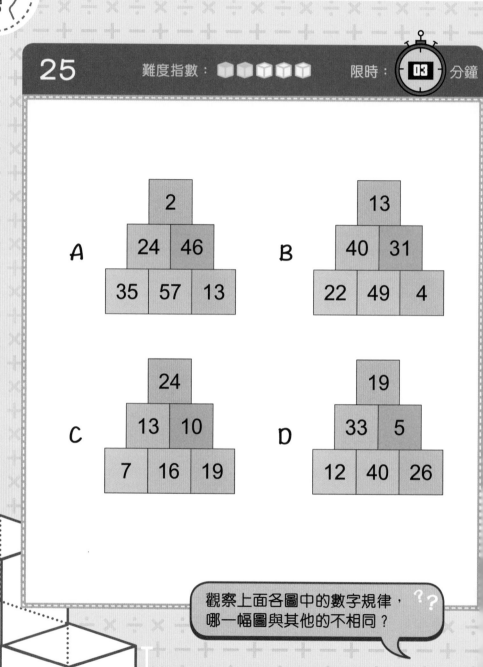

觀察上面各圖中的數字規律，哪一幅圖與其他的不相同？

$$\frac{1}{10} = 0.1 \qquad\qquad \frac{1}{10} + \frac{1}{100} = 0.11$$

$$\frac{1}{100} = 0.01 \qquad\qquad \frac{1}{100} + \frac{1}{1000} = 0.011$$

$$\frac{1}{1000} = 0.001 \qquad\qquad \frac{1}{1000} + \frac{1}{10\,000} = 0.0011$$

$$\frac{1}{10\,000} = 0.0001$$

$$\vdots \qquad\qquad\qquad\qquad \vdots$$

$$\frac{1}{100\,000} + \frac{1}{1\,000\,000} + \frac{1}{10\,000\,000} + \frac{1}{100\,000\,000}$$

觀察橙色框內分數與小數的規律，你能夠推斷最後一道算式等於多少嗎？

下面是由 6 張數字卡排成的六位數。

| 5 | 6 | 4 | 9 | 2 | 3 |

依「排列條件」，把這些數字卡重新排列，新六位數的數值增加了。

排列條件：
◆ 黃色卡排在一起。
◆ 最左和最右的數字都是單數。
◆ 沒有連續2個數字是對方的倍數。

這個新六位數會是什麼？

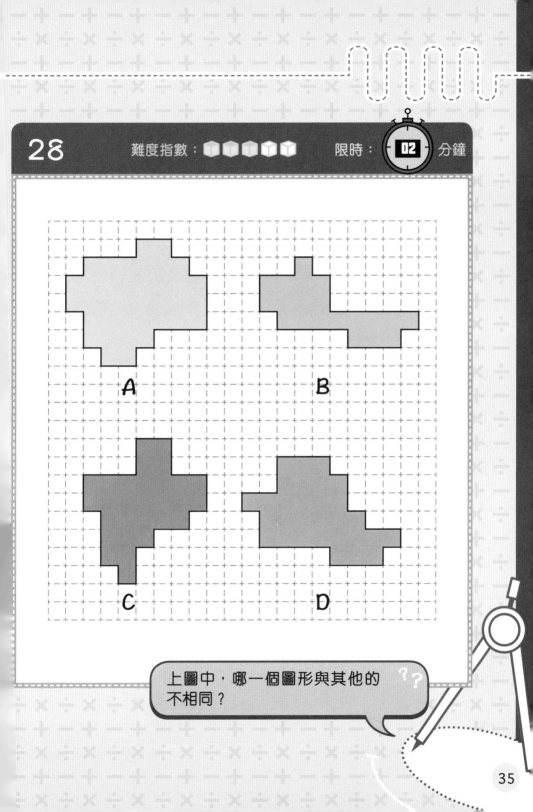

A

B

C

D

上圖中，哪一個圖形與其他的不相同？

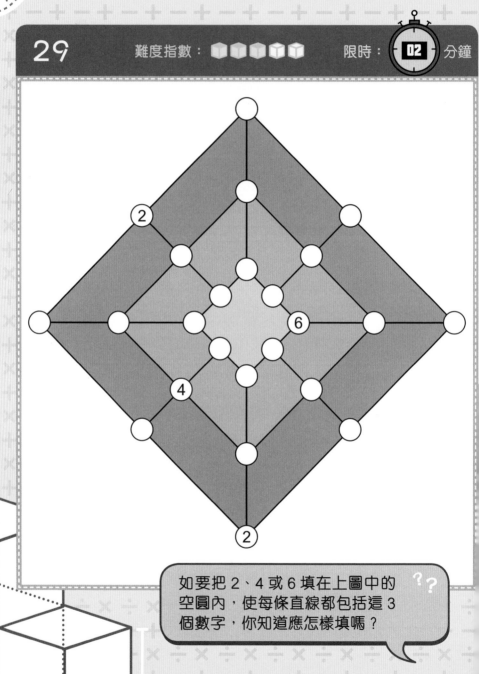

如要把 2、4 或 6 填在上圖中的空圓內，使每條直線都包括這 3 個數字，你知道應怎樣填嗎？

觀察下面兩幅圖。

你能夠找出哪些不同之處？

這兩道算式在一般情況下是不成立，但小博士卻認為是成立的。

$$9 - 5 = 8 - 6$$

4=2?
3=4?

$$4 - 1 = 7 - 3$$

A　$9 - 4 = 4 - 2$

B　$2 - 0 = 6 - 3$

C　$6 - 0 = 3 - 3$

D　$8 - 5 = 7 - 1$

E　$9 - 7 = 5 - 1$

根據小博士的看法，A至E中哪些算式都成立？

欣欣把 18 個橙裝在 3 個袋子裏，結果各個袋子分別有 4 個、8 個和 10 個橙。

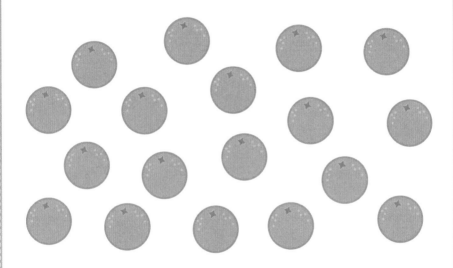

$$4+8+10=22$$

欣欣的弟弟計算出 3 個袋子共有 22 個橙，他的計算是正確的，但與欣欣裝的橙數量不相同。你知道這是為什麼嗎？

33

難度指數：▰▰▰▱▱　　限時：**03** 分鐘

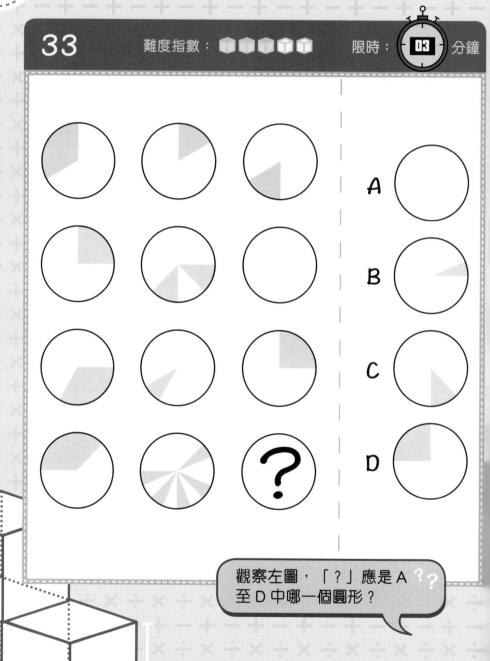

觀察左圖，「？」應是 A 至 D 中哪一個圓形？

難度指數：■■■■□ 　限時：**04** 分鐘

樂樂和欣欣玩棋子遊戲，每人必須擲骰子 3 次。如擲完 3 次骰子後，棋子剛好能離開棋子板，就可以得到獎品。樂樂最後擲出 3 點，可以得到獎品，下面顯示他的棋子前進情況。

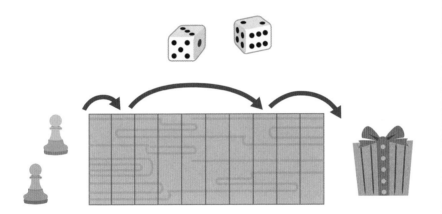

欣欣各次擲骰子的點數都與樂樂各次的相差 1，你知道欣欣有可能也得到獎品嗎？為什麼？

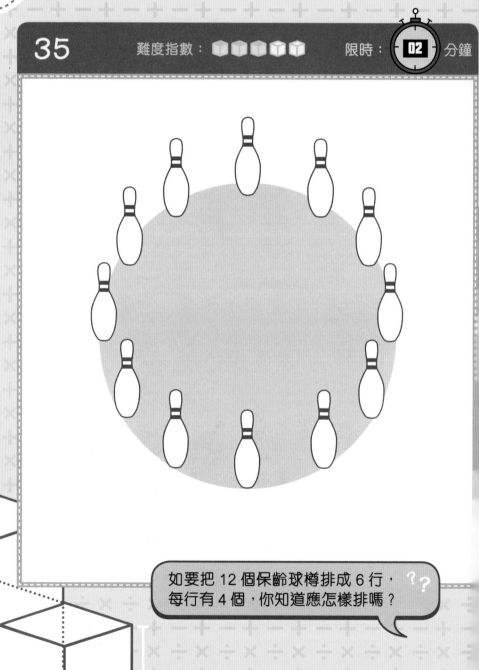

如要把 12 個保齡球樽排成 6 行，每行有 4 個，你知道應怎樣排嗎？

▲	×	◆	−	5	=	25
÷		−		+		
⬠	−	1	+	⬡	=	10
+		−		×		
2	×	★	×	5	=	40
=		=		=		
5		●		50		

應從哪一道算式
開始計算？

如要使上圖中每一道直行和橫行
的算式都成立，各個符號分別代
表哪一個數字？

43

圖I

觀察上面方格中的 ▲ 變化，你知道圖I的 ▲ 應在哪一格嗎？

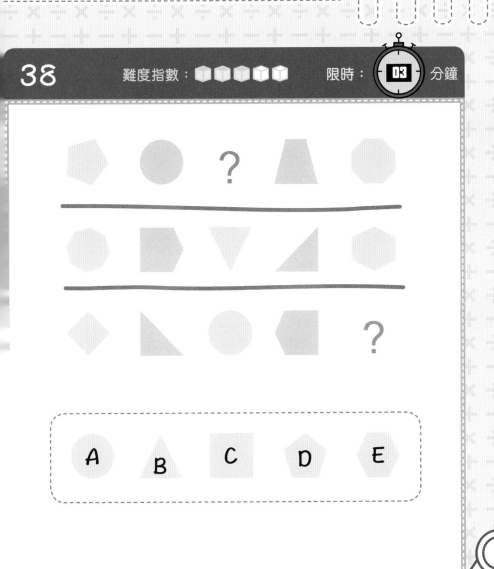

觀察上面各圖形的關係，兩個「？」位置分別是 A 至 E 中哪一個圖形？

豬媽媽有一包 50 克的鹽，她要用 11 克鹽做曲奇餅，但只有下面的一個天平和 4 個砝碼。

16g

1g

4g

8g

如果要以最少次數稱量，而且要用上全部砝碼，她應怎樣稱？

淇淇畫出 4 幅雙色蘋果圖，它們都有共同的性質。這是其中 3 幅。

A

B

C

D

你知道 A 至 D 中哪一幅是 ?? 餘下那幅雙色蘋果圖嗎？

4隻狐狸在陸運會參加了不同比賽，其中只有1隻取得金牌，其餘3隻均取得銀牌。

狐狸 A：「我取得金牌。」

狐狸 B：「我取得銀牌。」

狐狸 C：「狐狸 A 取得銀牌。」

狐狸 D：「你們 3 隻都取得銀牌。」

這 4 隻狐狸中，只有 1 隻沒說謊。你知道哪一隻狐狸取得金牌嗎？

42

難度指數： 限時： 02 分鐘

觀察上圖中「1」排列的變化，你知道正方形 X 和正方形 Y 中的「1」分別在哪些位置嗎？

俊俊把下圖中同類物件沿綠色線連起來，而各條路線沒有碰到其他物件，且沒有出現交叉點。

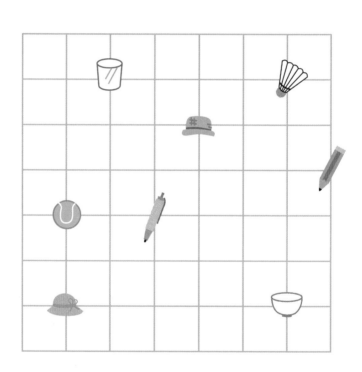

如果各條路線最多只能夠轉 2 次方向，你能夠找出各條路線嗎？

難度指數：■■■■■□□　　限時：**03** 分鐘

第一個	582145.53695
第二個	214553695.58
第三個	4.5536955821
第四個	5369.5582145

⋮

| 第八個 | |

根據上面小數的變化，你知道第八個應是哪一個小數嗎？

觀察下面的綠色組合和紫色組合。

A　　　　B　　　　C　　　　D

你能夠找出哪兩幅圖是藍色組合嗎？

觀察下面各幅圖的變化。

A　　　B　　　C　　　D

「？」位置應是 A 至 D 中哪一幅圖？

把下面的波子放在棋盤上的空洞，使每一橫行和斜行上都只有 1 粒波子。

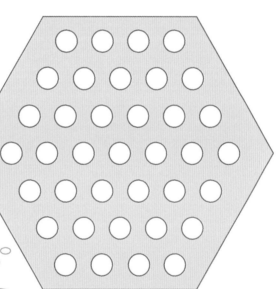

哪些空洞必定不用考慮呢？

你知道怎樣放嗎？

難度指數：　　限時：**04** 分鐘

下面的立體都是由 ▇ 堆砌而成。

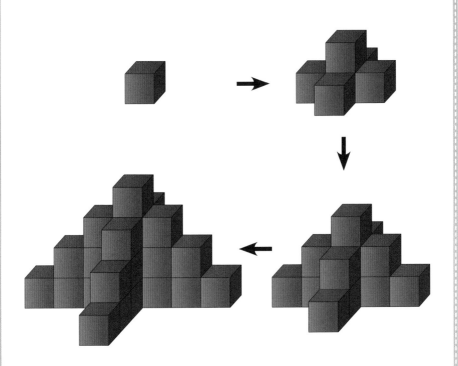

如果繼續依這些立體的規律堆砌出一個共九層的立體，這個立體共由多少個 ▇ 堆砌成？

果汁店記錄了 5 種飲品在過去五天的銷量，想製作一個排行榜 （銷量最高排第一，銷量最低排第五），有關的資料如下：

- 蘋果汁的排名比西瓜汁前的有四天；
- 西瓜汁的排名比芒果汁前的有四天；
- 芒果汁的排名比木瓜汁前的有四天；
- 菠蘿汁的排名比蘋果汁前的有四天。

你知道這五天的排行榜情況嗎？
（不用考慮各天的先後次序）

魔術師變出 6 幅有關連的圖。

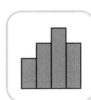

上面顯示其中 5 幅，你知道餘下的一幅是什麼樣子嗎？

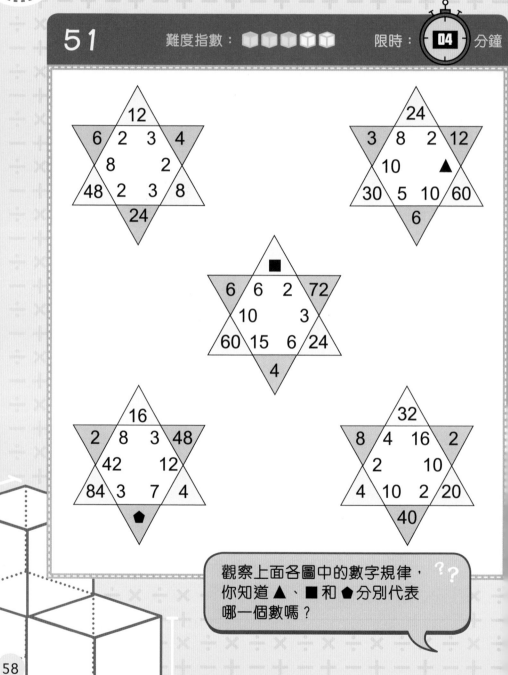

觀察上面各圖中的數字規律，你知道 ▲、■ 和 ⬟ 分別代表哪一個數嗎？

難度指數：⬜⬜⬜⬜⬜　限時： **05** 分鐘

下圖有兩個五環圖案，各個都包含數字 0 至 9。樂樂根據這些數字，以同一方式算一算，得出五環 A 是 106，但五環 B 又不是 106。

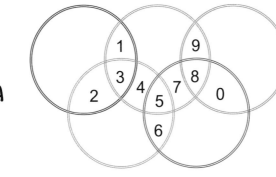

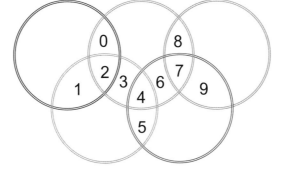

你知道他算出五環 B 是多少嗎？

難度指數： 限時： **05** 分鐘

88　53　　　8

142　62　16

70　　124　17

35　52　26

觀察上面各數的變化規律，你知道每個着色的腳印應分別填上什麼數嗎？

A

B

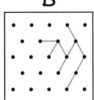

C

D

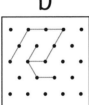

E

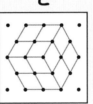

F

G

H

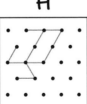

I

上面有 3 幅圖可以重疊合成圖 E，你能夠找出這 3 幅圖嗎？

難度指數：

限時：**06** 分鐘

有一幅圖畫被剪成 10 份，然後隨意上下排列。

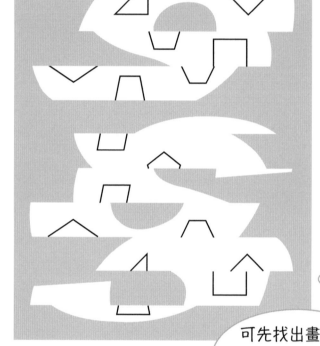

1
2
3
4
5
6
7
8
9
10

可先找出畫中圖形缺去的部分，逐一排列啊！

你能夠把它們重新排列，復原這幅圖畫嗎？

小猴子想把一堆香蕉平均放進袋子內。他先在每個袋子放進 9 條，最後餘下 4 條；再試在每個袋子放進 6 條，最後也餘下 4 條；再試在每個袋子放進 5 條，最後也餘下 4 條。因此，他便每個袋子放進 4 條，就剛好放完。

我只知道這堆香蕉有 300至500條。

你能夠替小猴子找出這堆香蕉的數量嗎？他最後用了袋子多少個才剛好放完？

圖樣 I

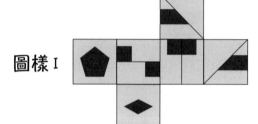

A　　　　B　　　　C　　　　D

E　　　　F　　　　G　　　　H

上圖中，哪些正方體是由
圖樣 I 摺成的？

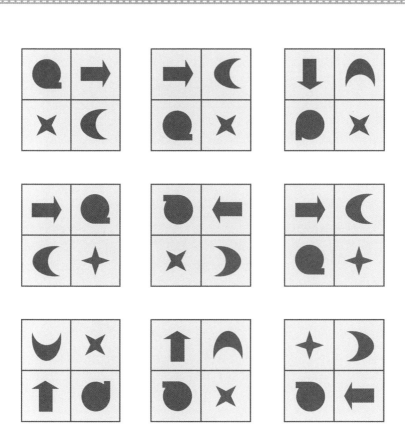

上面有 9 張圖卡，你能夠發現
多少對圖卡是完全相同的呢？

下面是 4 道連續數相加的算式。

❶ 1 + 2 + 3 + ······ + 123 = 7626

❷ 24 + 25 + 26 + ······ + 123 = 7350

❸ 1 + 2 + 3 + ······ + 23 = ?

❹ 42 + 43 + 44 + ······ + 141 = ?

如果逐個數加，很複雜啊！

根據①和②的結果，你能夠推斷餘下兩道算式的結果分別是什麼嗎？

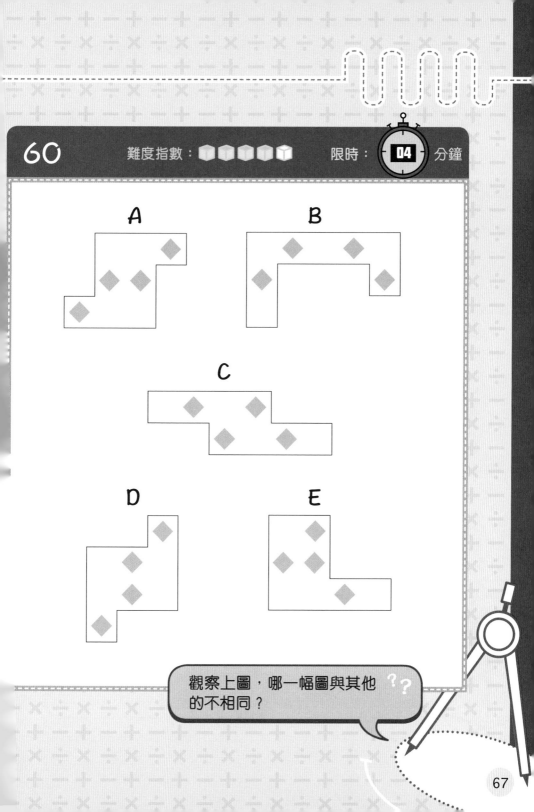

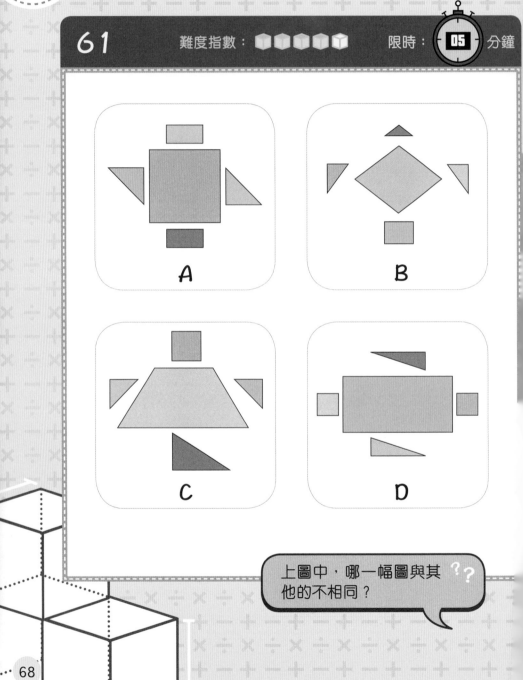

A

B

C

D

上圖中，哪一幅圖與其他的不相同？

難度指數：■■■■■■　　限時：**05** 分鐘

豆品店有 33 個大小相同的瓶子，其中 11 個裝了全滿豆漿，11 個裝了半滿豆漿，餘下的都是空的。

店員沒有稱量及倒出豆漿，就把這些豆漿和瓶子平均分成 3 份，且每份的分配情況不相同，你知道他是怎樣分配嗎？

游泳中心有兩位隊員進入了國際 100 米自由式決賽，該中心準備了獎金 $98 000 給教練和取得冠軍的隊員。由於兩位隊員年資不同，獎金的分配稍有不同。如果隊員 A 取得冠軍，教練可分得的是隊員 A 的兩倍；如果隊員 B 取得冠軍，教練可分得的是隊員 B 的一半。

最後，兩位隊員同時取得冠軍，那麼依訂下的分配準則，教練和兩位隊員各可分得獎金多少元？

裁縫師傅刺繡了下面的 4 塊字布。

CUTE

700元

CLEVER

800元

SMART

750元

FRIENDLY

? 元

根據其中 3 塊字布的售價，你能
夠推斷出餘下一塊的售價嗎？

71

快餐店打算在十二月份把 3 款包特價出售，每天只有一款特價。在這 31 天中，雞排包佔 $\frac{1}{2}$，豬柳包佔 $\frac{1}{3}$，魚柳包佔 $\frac{1}{5}$。

你知道各款包分別特價了多少天嗎？

下面的柱子上放了 4 個環柱體。

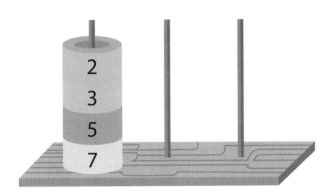

移動規則：
- 每次只可以移動 1 個環柱體。
- 移動的環柱體只能放在柱子上。
- 數字較大的環柱體不可以放在數字較小的環柱體上。

依「移動規則」，把這 4 個環柱體移動到中間的柱子上，最少要移動多少次？你是怎樣完成？

下面是由 8 個着色部分組成。

		C			4	A	1
B	4		1		2		3
		D					
4							
	D	4	2		A		
2							
3		2		B	C		
C	1	B		A			

A

B

C

D

1　2　3　4

如要使每一直行和每一橫行及每個着色部分都包含 A、B、C、D、1、2、3 和 4，你能夠完成嗎？

74

難度指數：▢▢▢▢▢▢　限時：**05** 分鐘

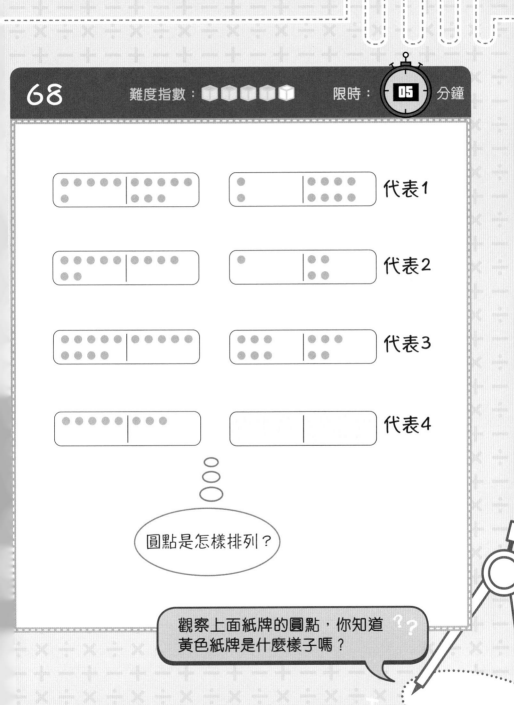

代表1

代表2

代表3

代表4

圓點是怎樣排列？

觀察上面紙牌的圓點，你知道黃色紙牌是什麼樣子嗎？

下面的直式中，每個英文字母分別代表一個 1 至 9 中不同的數字。

$$
\begin{array}{r}
A\ B \\
\times \quad\quad 3 \\
\hline
C\ C\ C
\end{array}
$$

$$
\begin{array}{r}
B\ A \\
\times \quad\quad 3 \\
\hline
D\ B\ D
\end{array}
$$

$$
A \times B \times C \times D = ?
$$

你能夠找出上面橫式的結果嗎？

難度指數：⬜⬜⬜⬜⬜　　限時：**06** 分鐘

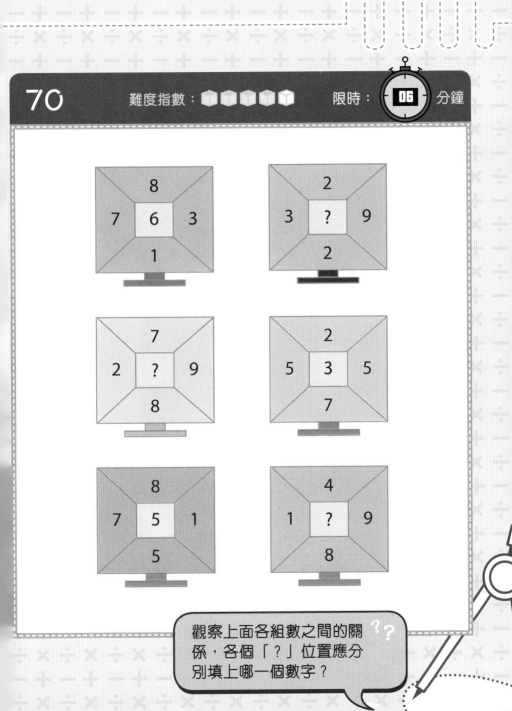

觀察上面各組數之間的關係，各個「？」位置應分別填上哪一個數字？

1	0	a	1	1	0	0	1
0	1	0	1	1	1	1	0
0	b					1	1
1	0					0	0
1	0	0	1	1	1	0	1
1	0	1	1	1	c	1	0
0	1					0	1
0	1				d	1	
1	0	1	0	e	1	0	0
1	0	1	1	0	1	1	1

觀察上圖中「0」和「1」的排列，各個英文字母代表的是「0」還是「1」呢？

78

商場裏有 3 個以固定速度不停轉動的風車。當風車 A 轉動了 10 圈時，它比風車 B 多轉動 2 圈，同時又比風車 C 少轉動 2 圈。

當風車 B 轉動了 10 圈時，風車 C 轉動了多少圈呢？

- ✔ 123, 132, 280, 288
- ✔ 2046, 2327, 3231, 4214, 4199, 8213, 8214, 8250, 8305
- ✔ 26 462, 28 372, 38 285, 42 438, 42 541, 82 347
- ✔ 138 409, 145 790

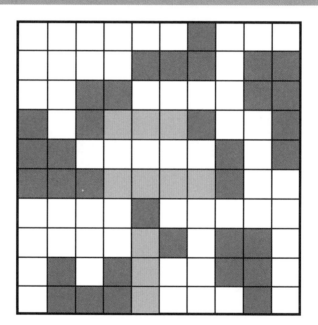

把上面的 21 個數填入表中白色和粉紅色的空格，使它們能夠串連起來。你能夠完成嗎？（粉紅格串連的數字不包括在內）

難度指數：■■■■■ 限時：**08** 分鐘

家裏有 5 個箱子，每個箱子內都放了 1 個玩偶，分別是牛、兔、馬、羊、豬這 5 款。爸爸逐一打開箱子前，先讓孩子們猜猜每個箱子內放了哪款玩偶，但不揭曉是否猜中。下表顯示各孩子猜測的情況。

	第一個	第二個	第三個	第四個	第五個
哥哥	馬	馬	豬	兔	豬
妹妹	羊	豬	兔	馬	馬
弟弟	兔	牛	羊	馬	兔

最後，每個孩子的猜中次數相同，但沒有連續猜中兩次，而其中一個箱子同時有兩個孩子猜中。你知道爸爸順序打開的箱子放了哪一款玩偶嗎？

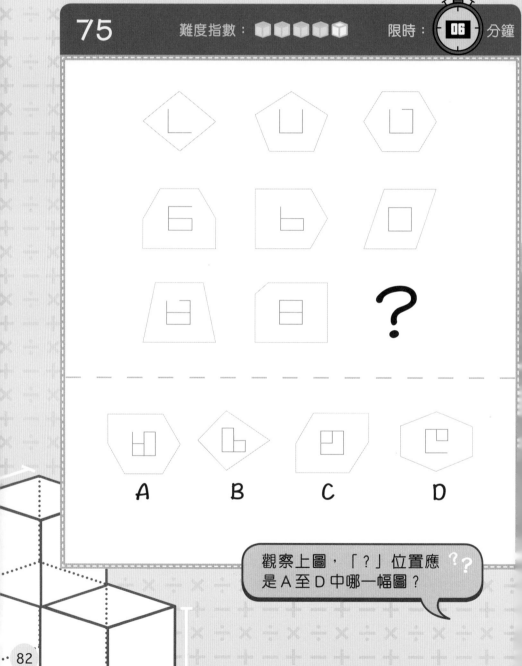

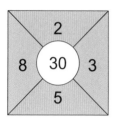

2
8 30 3
5

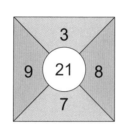

3
9 21 8
7

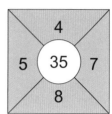

4
5 35 7
8

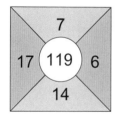

7
17 119 6
14

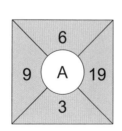

6
9 A 19
3

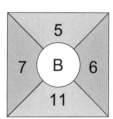

5
7 B 6
11

觀察上面各組數之間的關係，你知道圓形 A 和圓形 B 應分別填上什麼數嗎？

海豹接受訓練，牠要在下面每個算柱依同一特性放上算珠。

你知道牠應在餘下 3 個算柱分別放上算珠多少粒嗎？

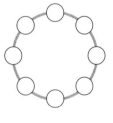 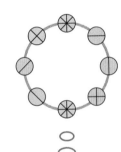 

顏色和線段的變化
規律是不相同的。

觀察上面各幅八環圈的變化規
律，你知道空白的八環圈應是
什麼樣子嗎？

2　4　5　5　6　6　8　8

8　8　8　9　10　10　11　12

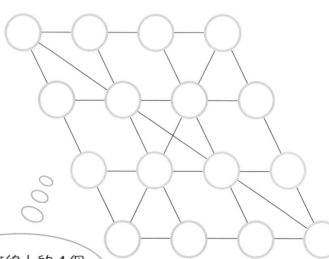

每一條線上的 4 個
數之和是什麼？

如要把上面的 16 個數填在圖中
的圓格內，使每一條線上的 4 個
數之和相等，你知道怎樣填嗎？

難度指數：■■■■■ 　限時： 06 分鐘

下面每幅圖中都有一些圓形是藍色的。

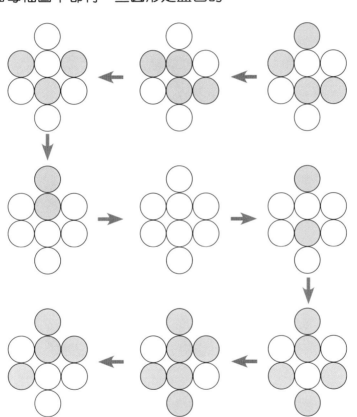

你知道中間的一幅圖中哪些圓形應是藍色嗎？

難度指數：⬜⬜⬜⬜⬜ 限時：**08** 分鐘

把所有單數和所有雙數分為兩組數來看吧！

19
2　3
9　6

13
1　8
3　7

?
3　4
2　9

33
5　9
8　4

99
3　?
7　5

觀察上面各蘑菇屋中的數字關係，你知道「?」和「?」位置應分別填上什麼數嗎？

小老鼠在下圖中走，先從⑦走到⑤，然後依規則繼續走，可以取得，如藍色線所示。

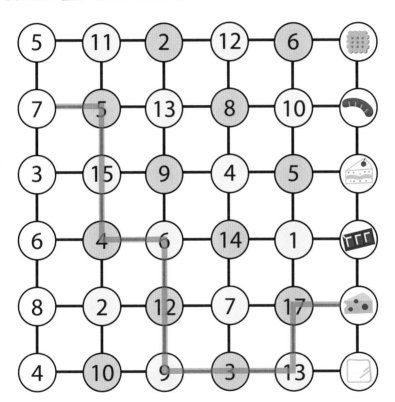

如果牠改為先從⑧走到②，然後依相同的規則走，所走的路線是怎樣？可以取得哪一種食物？

現有 2 個箱子，如果從箱子 Y 中把草莓移到箱子 X，移動的草莓數量與箱子 X 的數量相同。然後，從箱子 X 中把草莓移到箱子 Y，移動的草莓數量與箱子 Y 的數量相同，接着又從箱子 Y 中把草莓移到箱子 X，移動的草莓數量與箱子 X 的數量相同。最後，從箱子 X 中把草莓移到箱子 Y，移動的草莓數量與箱子 Y 的數量相同。經過這樣兩次來回移動後，2 個箱子各有 128 顆草莓。

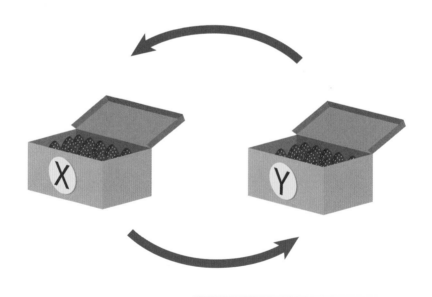

你知道箱子 X 和箱子 Y 各原有草莓多少顆嗎？

難度指數：■■■□□□ 限時： 08 分鐘

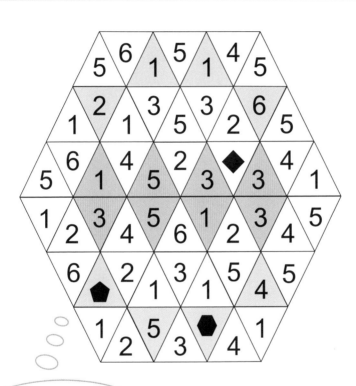

試把整個圖分成若干等份，再觀察各數字的分布情況。

觀察六邊形內的數字排列，你知道各個符號分別代表哪一個數字嗎？

樂樂把 16 張英文字母卡如下圖所示排列，其中 2 張只顯示背面。

B	D	F	H
D	Z	M	Z
C	S	K	
U		B	X

觀察卡中的字母規律，你知道顯示背面那 2 張卡的正面分別是哪一個英文字母嗎？

2	3	1	3	3	5
5	4	2	4	9	7
4	5	5	7	7	9
5	9	6	8	5	8
3	6	2	3	6	7
1	7	1	5	9	8

只有 [____] 合乎要求啊！
5+5=10

把上面的 9 張四格數字卡重新排列，使每張卡與另一張卡的相鄰數字之和都是 10，而排成的仍然是正方形。每張卡可以旋轉擺放，如下圖所示。

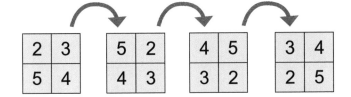

你知道怎樣排嗎？？？

星星樂園準備了一疊遊戲券送給 4 個小丑，他們在不同時間取去遊戲券。每個小丑取遊戲券時，均以為其他小丑未取，於是只取去自己的一等份。當第四個小丑取去遊戲券後，餘下 81 張遊戲券。

你知道這疊遊戲券原有多少張嗎？

俊俊和哥哥想購買一部遊戲機，但沒有足夠款項，結果先由姊姊付款，然後兩人開始儲蓄還給姊姊，他們負擔的金額相同。兩人的儲蓄計劃如下：

- 俊俊第一個星期儲蓄 20 元，之後每個星期比上一個星期多儲蓄 5 元，到最後一個星期只需儲蓄 25 元。
- 哥哥第一個星期儲蓄 35 元，之後每個星期比上一個星期多儲蓄 5 元，到最後一個星期只需儲蓄 15 元。

大減價

你知道這部遊戲機售多少元嗎？

下圖中，每個木箱裏都有一些金幣，而金幣的數量與木箱面的數有關係。小偷只能取走一個木箱，因此他想取走金幣數量最多的一個，但只知道其中 3 個的數量。

你能夠替他找出餘下一個木箱的金幣數量嗎？小偷最後帶走了哪一個木箱？

難度指數：█ █ █ █ █

限時： 08 分鐘

一間旅行社訪問了一羣四年級學生，過去兩年曾否到過 3 個日本的城市旅行，並做了一份調查報告，內容如下：

曾到過東京旅行的人數　　　：268 人

曾到過大阪旅行的人數　　　：197 人

曾到過北海道旅行的人數　　：234 人

曾到過東京和大阪旅行的人數　：105 人

曾到過東京和北海道旅行的人數：86 人

曾到過大阪和北海道旅行的人數：52 人

曾到過這3個城市旅行的人數　：19 人

未到過這3個城市旅行的人數　：45 人

你知道這次調查訪問了四年級學生多少人嗎？

下面 8 幅圖能夠依同一特性配成 4 對，其中圖 A 和圖 F 是一對。

你能夠找出其餘 3 對嗎？

難度指數：⬛⬛⬛⬛⬛　　限時：**12** 分鐘

4125	3029	●781
3236	2574	4545
5962	4397	683⚡
6304	5☾52	4996

觀察上面各四位數之間的關係及規律，你知道 ●、⚡ 和 ☾ 分別代表哪一個數字嗎？

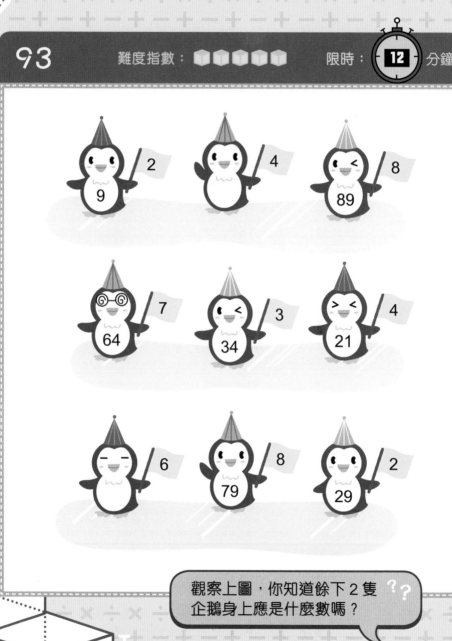

93　　難度指數：■■■■■　　限時：12 分鐘

觀察上圖，你知道餘下 2 隻企鵝身上應是什麼數嗎？

一款型號的手提電話在 2020 年推出，當時的價值是 8800 元。生產商估計這款型號手提電話會按年降價，於是他以一種計算方法來估計未來五年的價值，如下表顯示。

2020年	8800元
2021年	4500元
2022年	2400元
2023年	1400元
2024年	950元
2025年	?元

你知道這款型號手提電話在 2025 年的價值嗎？

下面 3 道算式中，每個英文字母分別代表不同的整數，且比 1 大。

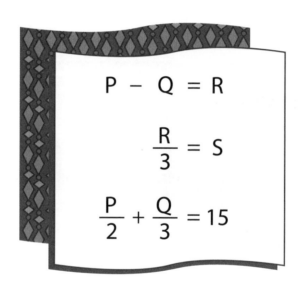

$$P - Q = R$$

$$\frac{R}{3} = S$$

$$\frac{P}{2} + \frac{Q}{3} = 15$$

你知道這些英文字母分別代表什麼數嗎？

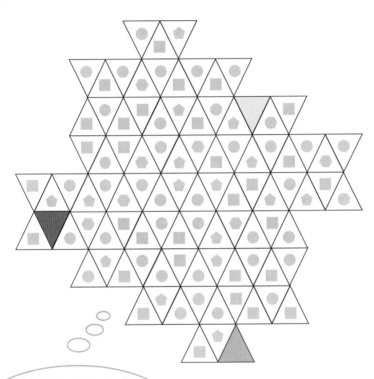

試把整個圖分成
若干等份，再觀察各符號
的分布情況。

觀察上面4個符號的組合，
你知道各着色空格內分別
是哪一個符號嗎？

小熊爸爸參加馬拉松比賽，他的參賽布號碼是 ABCDE（各英文字母代表不同的數字）。小熊想知道爸爸的參賽布號碼，爸爸便製作了下表考考他，旁邊的數是各直行或橫行的 3 個數之積。

A	D	E	12
E	B	D	6
B	A	C	48
24	8	18	

你能夠替小熊找出爸爸的參賽布號碼嗎？

難度指數：■■■■■　　限時：**12**　分鐘

樂樂解開了一個密碼鎖。密碼鎖開始時是「9045」，他依規律改動了8次，而每次只改動一個數字，最後竟然把密碼鎖解開了。

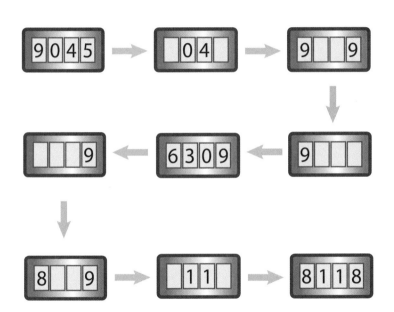

你能夠找出他改動的過程嗎？

下面的算式中，3 個圖形分別代表不同的數值。

 − ▬ = 16

■ − = 32

▬ + ▲ = 48

 × = ?

你能夠推斷最後一道算式的結果嗎？

下面 6 隻動物坐成一排，分別被安排上星期一至星期六當組長，當組長時他們吃了不同包點。動物穿綠衣表示 10 歲，穿藍衣表示 8 歲。

① 吃蓮蓉包動物比吃菜肉包動物較遲當組長。

② 星期六當組長的動物穿綠衣，他坐在吃奶黃包動物的鄰座。

③ 吃芝麻包動物穿藍衣，他與吃蓮蓉包動物之間只有 1 隻動物。

④ 星期二和星期五當組長的動物穿同色衣，坐在他們之間只有2隻動物。

⑤ 吃叉燒包動物比星期四當組長的動物年輕，他不是坐在吃芝麻包動物的鄰座。

⑥ 吃菜肉包動物比吃芋蓉包動物遲兩天當組長，吃芋蓉包動物也比吃芝麻包動物遲兩天當組長。

細閱這些資料，你知道各動物在星期幾當組長及吃了什麼包嗎？

1. F

2. 30個

大腦筆記

數字卡「9」可倒轉變作「6」，所以可以組成12個真分數、12個假分數和6個帶分數。

3. ●代表4；🍆代表6；🥕代表7；🎃代表2。

4. （答案只供參考）

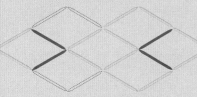

5. 13種

6. 少1人

7. 86個

8. 5分鐘

大腦筆記

假設5件班裁為A、B、C、D和E。
第一分鐘：焗A上面和B上面
第二分鐘：焗A下面和B下面
第三分鐘：焗C上面和D上面
第四分鐘：焗C下面和E上面
第五分鐘：焗D下面和E下面

9. B

大腦筆記

磁磚中每一直行均包含馬、兔、豬、羊、象5種動物，並按以上規律從左至右重複一種動物。

10. 6 × 2 = 12，即1打；如此類推，就是3打、6打和10打。

11. D

大腦筆記

以直行來看，各行中花瓣、花蕊和葉子的組合都是相同的。

12. E

13. 2314

大腦筆記

依圍牆上數字的數量，由多
至少排列。

14. E

15. B和F

16. E

大腦筆記

- 左上角和右下角的兩個
  小圖形：互調位置，並
  順時針轉90°。
- 左下角和右上角的兩個
  小圖形：互調位置。

17. （答案只供參考）
　　每個〇代表1張椅子。

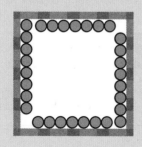

18. （答案只供參考）

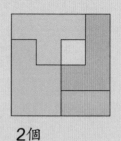

2個

19. （答案只供參考）
$2 \times 2 - 2 \div 2 - 2 \div 2$
$+ 2 - 2 = 2$

20. 前面

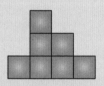

上面

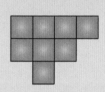

左面

右面

21. 先把卡紙對摺並剪開，然後把卡紙左右調轉，再重新拼砌成一個長方形。

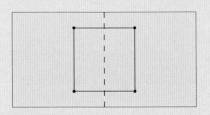

把4點連起來，便是一個正方形。

22. D

23. X是藍色，Y是紫色。

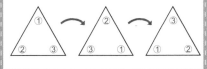
24. 3張

25. C

26. 0.00001111

27. 964 523

28. B

29.

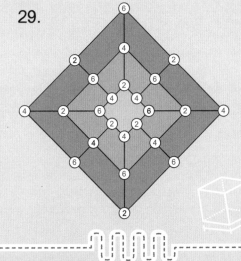

30.

31. B、C和E

- 以組成數字的牙籤數量來計算。
- 例子的第一道算式：左邊（6和5）和右邊（7和6）都是相差1枝牙籤。
- 例子的第二道算式：左邊（4和2）和右邊（3和5）都是相差2枝牙籤。

32. （答案只供參考）

先在第一個袋子裏裝4個橙，第二個袋子裏裝6個橙，第三個袋子裏裝8個橙，然後把第一個袋子放進第二個袋子裏，所以第二個袋子變成裝了10個橙。

33. B

把每個圖形化成分數，然後以每一橫行來看。第一幅圖的着色部分 — 第二幅圖的着色部分 ＝ 第三幅圖的着色部分。

34. 不可能。因為欣欣首兩次可能共擲得6點或8點，則最後一次必須擲得5點或3點，才能得到獎品，但她最後只可能擲得2點或4點。

35. 每個•代表1個保齡球樽。

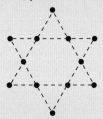

36. ▲代表6；◆代表5；
⬠代表2；⬡代表9；
★代表4；●代表0。

37.

			▲	

大腦筆記

各格對應代表的數如下：

0	1	2	3	4
5	6	7	8	9

第一橫行：8 − 2 = 6
第二橫行：9 − 5 = 4
第三橫行：7 − 4 = 3

38. ?是C，?是E。

大腦筆記

以圖形的邊數來計算：
　　第一個圖形 − 第二個圖形
=第三個圖形
=第五個圖形 − 第四個圖形

5 − 1	4	8 − 4
8 − 5	3	6 − 3
4 − 3	1	6 − 5

39. 她只需稱量一次。在天平的一邊放上4克砝碼和16克砝碼，另一邊放上1克砝碼和8克砝碼，然後在這一邊倒上鹽，直至天平

40. B

大腦筆記

代表1，代表3。已知的3幅圖和圖B都是代表16。

41. 狐狸B

大腦筆記

由於狐狸 A 和狐狸 C 説的話正好相反，因此可推斷他們其中 1 隻所説的是正確。因為只有 1 隻狐狸沒説謊，由此可得知狐狸 B 和狐狸 D 都在説謊。而從狐狸 B 説的話，得知取得金牌的就是他。

42.

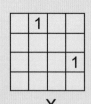

X

	1		
		1	

Y

			1
		1	
1			
			1

 大腦筆記

把全圖平均分成上下兩部分，兩部分中「1」的位置是對稱的。

43. （答案只供參考）

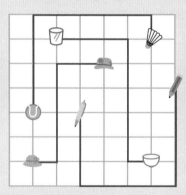

44. 14553.695582

 大腦筆記

第五個：6955821.4553
第六個：5582145536.9
第七個：82.145536955

45. A和D

 大腦筆記

各色組合的兩幅圖重疊放會組成數字。

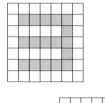

46. B

 大腦筆記

以每一直行來說，先把第一和第二幅圖合起來，再掉去重疊的部分，會得出第三幅圖。

47. （答案只供參考）

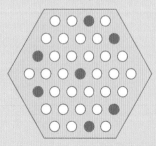

48. 153個

大腦筆記

$$1 + 5 + 9 + 13$$
$$+ 17 + 21 + 25$$
$$+ 29 + 33$$
$$= 153 （個）$$

49. 這五天的排行榜情況：

銷量	①				
	②				
	③				
	④				
	⑤				

50.

大腦筆記

用1、2、2和3共可組成6個「2」不相連的四位數，而這6幅圖中的短、中、長棒分別代表這些四位數的「1」、「2」和「3」。

51. ▲代表5；

▦代表36；

⬠代表28。

大腦筆記

六邊形各角的數是：
旁邊三角形較大的數 ÷ 旁邊三角形較小的數

- ▲ = 60 ÷ 12，即▲是5。
- 如果 6 = 6 ÷ ▦，即▦是1，但72 ÷ 1 = 72，不是「2」。因此，6 = ▦ ÷ 6，即▦是36。
- 如果3 = ⬠ ÷ 84，即⬠是 252，但 252 ÷ 4 = 63，不是「7」。因此，3 = 84 ÷ ⬠，即⬠是 28。

52. 103

大腦筆記

根據數字重疊的環的數量，把數字分別 × 2 或 × 3，然後加起來。

53. 填上106；
　　填上44；
　　填上71；
　　填上34。

+ − ÷ × 大腦筆記

從右上角「8」開始，沿 ↺ 行進。數字變化規律：每兩個數一組，後一個數是前一個數的2倍。

54. C、F和G

55.

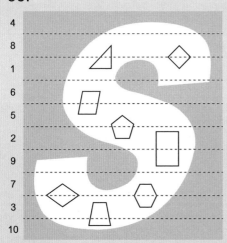

56. 這堆香蕉的數量是364條，他最後用了袋子91個。

+ − ÷ × 大腦筆記

- 300至500之間，5、6和9的公倍數有360和450。
- 由於餘數都是4，所以可能的數量是364條或454條，而454不能夠被4整除。
- 因此這堆香蕉的數量是364條，而他最後用了袋子：364 ÷ 4 = 91（個）。

57. A、D和F

58. 3對

	①	②
③	②	
①		③

59. ③ 7626 − 7350 = 276

　　④ 7350 + 18 × 100 = 9150

+ − ÷ × 大腦筆記

算式④中，順序每個數都是把算式②的加上18，共有100個數，即合共加上（18×100）。

60. D

大腦筆記

除圖D外，其他的都是由2個下圖拼砌成的。

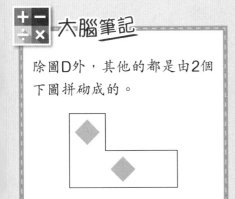

61. D

大腦筆記

在圖A、B和C中，4個小圖形合併後都是中間大圖形的一半。（小圖形可以前後翻轉合併）

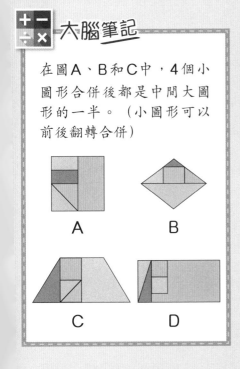

A

B

C

D

62. 分配情況如下：

	全滿	半滿	空瓶
第一份	5	1	5
第二份	4	3	4
第三份	2	7	2

大腦筆記

11個「全滿瓶」等於22個「半滿瓶」，即共有33個「半滿瓶」。所以每份有11個「半滿瓶」。先分配「半滿瓶」，再依結果分配「全滿瓶」和「空瓶」。

- 第一份：
  1個「半滿瓶」，餘下10個「半滿瓶」即5個「全滿瓶」，最後5個「空瓶」。
- 第二份：
  3個「半滿瓶」，餘下8個「半滿瓶」即4個「全滿瓶」，最後4個「空瓶」。
- 第三份：
  7個「半滿瓶」，餘下4個「半滿瓶」即2個「全滿瓶」，最後2個「空瓶」。

63. 教練可分得獎金28 000元，而隊員A可分得獎金14 000元，隊員B則可分得獎金56 000元。

64. 900元

 大腦筆記

根據英文字母和星星圖案的數量來推斷。

65. 雞排包特價了15天，豬柳包特價了10天，魚柳包特價了6天。

 大腦筆記

2、3和5的最小公倍數是30。

$\frac{1}{2} = \frac{15}{30}$；$\frac{1}{3} = \frac{10}{30}$；

$\frac{1}{5} = \frac{6}{30}$

66. 15次。

 大腦筆記

其中一個移動方法：

第一次	第二次	第三次
357 / ○ / 2	57 / 3 / 2	57 / 23 / ○
第四次	第五次	第六次
7 / 23 / 5	27 / 3 / 5	27 / ○ / 35
第七次	第八次	第九次
7 / ○ / 235	○ / 7 / 235	○ / 27 / 35
第十次	第十一次	第十二次
3 / 27 / 5	23 / 7 / 5	23 / 57 / ○
第十三次	第十四次	第十五次
3 / 57 / 2	○ / 357 / 2	○ / 2357 / ○

67.

D	3	C	B	2	4	A	1
B	4	A	1	C	2	D	3
A	2	D	3	4	1	C	B
4	C	1	A	D	B	3	2
1	D	4	2	3	A	B	C
2	B	3	C	1	D	4	A
3	A	2	4	B	C	1	D
C	1	B	D	A	3	2	4

68.

大腦筆記

$$\frac{6}{8} + \frac{2}{8} = \frac{8}{8} = 1$$

$$\frac{7}{4} + \frac{1}{4} = \frac{8}{4} = 2$$

$$\frac{9}{5} + \frac{6}{5} = \frac{15}{5} = 3$$

$$\frac{5}{3} + \frac{7}{3} = \frac{12}{3} = 4$$

留意左面（乙）和右面（丙）紙牌的圓點排列方式不同，所以答案只得一個。

69. $7 \times 4 \times 2 \times 1 = 56$

大腦筆記

- 從「AB × 3 ＝ CCC」，得知CCC可能是111或222。
- 考慮CCC ＝ 111，111 ÷ 3 ＝ 37，因此BA × 3 ＝ 73 × 3 ＝ 219，不符合條件。
- 考慮CCC ＝ 222，222 ÷ 3 ＝ 74，因此BA × 3 ＝ 47 × 3 ＝ 141。
- 因此，A 代表 7，B 代表 4，C 代表 2，D 代表 1。

70. 紫色圖：4；
　　綠色圖：3；
　　藍色圖：7。

大腦筆記

在各組數中，從梯形內的4個數字中組合兩個能整除的兩位數，得出的商就是長方形內的數字。

- $92 \div 23 = 4$
- $87 \div 29 = 3$
- $98 \div 14 = 7$

71.

a	b	c	d	e
1	1	0	0	1

大腦筆記

- 每4格（⊞）為一組。
- 第一、二直行及第七、八直行：4格中有2個「0」和2個「1」。
- 第三、四直行及第五、六直行：4格中有1個「0」和3個「1」。

大腦筆記

當風車B轉動了8圈時，風車C則轉動了12圈；從而得知當風車B轉動了2圈時，風車C則轉動了3圈；因此，當風車B轉動了10圈時，風車C則轉動了15圈。

73.

1	4	5	7	9	0		2	8	8
3	2	3	1			0			
2	1			8	2	1	4		
	4		4	2	6		6	2	
		4	2	5	4	1		3	
			4	0	6	3		2	8
8	2	1	3		2	8	3	7	2
3	8	2	8	5		4			3
0		3		2	8	0			4
5				4	1	9	9		7

 大腦筆記

- 根據資料，可直接得出下表的結果：

	第一個	第二個	第三個	第四個	第五個
哥哥	×	牛	×		
妹妹		×		×	
弟弟	×	牛	×		

- 如每個孩子只猜中一次，假設妹妹猜中第一個（即羊），那麼第五個就沒有選擇；假設妹妹猜中第三個（即兔），那麼第一和第四個不可能同時是豬，否則會出現矛盾；假設妹妹猜中第五個（即馬），那麼第三個就沒有選擇。
- 因此每個孩子猜中兩次，且每個箱子都有人猜中。
- 由此可推斷妹妹猜中第一和第三個箱子，從而得知哥哥猜中第二和第五個箱子，弟弟猜中第二和第四個箱子。

75. C

大腦筆記

從左上角第一幅圖開始，沿
己行進。
- 紫色線的規律：四邊形、
  五邊形、六邊形，如此重
  複。
- 藍色線的規律：直角數量
  比前一幅圖增加1個。

76. A填上57；B填上385。

大腦筆記

把所有質數相乘。
- A = 3 × 19 = 57
- B = 5 × 7 × 11 = 385

77. 「25」算柱：3粒；
「37」算柱：2粒；
「52」算柱：6粒。

大腦筆記

根據算柱上的數，它的因數
數量就是算珠數量。

78.

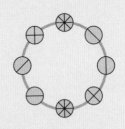

大腦筆記

從左上角第一幅圖開始，沿
ㄇ行進。
- 顏色規律：順時針移動3
  格。
- 線段規律：第一次□4角
  的環圈對角調換，第二次
  ◇4角的環圈對角調換，
  如此重複。

79. （答案只供參考）
10，2，8，10
6，11，5，8
8，9，5，8
6，8，12，4

大腦筆記

- 這16個數之和是120。所以
  每一條線上的4個數之和是
  120 ÷ 4 = 30。
- 因為4個數之和是雙數，所
  以每一條線上不可能有1個
  或3個單數。

80.

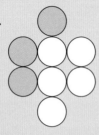

 大腦筆記

在8次對換顏色中，圓形X和它的上下左右的圓形都會變換顏色，即原本是白色的就會變為藍色，原本是藍色的就會變為白色。圓形X位置的順序如下：

	1	
4	3	2
5	6	7
	8	

81. ?填上21；?填上6。

 大腦筆記

根據蘑菇屋中下部分的數字，「單數的積－雙數的和」就是蘑菇屋中上部分的數。

82. 8 → 2 → 12 → 7 → 14 → 4 → 5 → 10 → 6 →

大腦筆記

規則：兩數能整除，向着與小老鼠走的同一方向前進；餘數是單數向左轉；餘數是雙數向右轉。

83. 箱子X原有草莓88顆，箱子Y原有草莓168顆。

大腦筆記

以逆方向計算：

	箱子X	箱子Y
最後	128	128
第二次 X→Y前	128 + 128 ÷ 2 = 192	128 ÷ 2 = 64
第二次 Y→X前	192 ÷ 2 = 96	64 + 192 ÷ 2 = 160
第一次 X→Y前	96 + 160 ÷ 2 = 176	160 ÷ 2 = 80
第一次 Y→X前	176 ÷ 2 = 88	80 + 176 ÷ 2 = 168

84. ◆ 代表 1 ；● 代表 6 ；⬟ 代表5。

大腦筆記

這個六邊形由6個下圖所示的大三角形拼砌而成，每個大三角形中的9個數字之和都是30。

86.

5	2	8	6	4	5
4	3	7	5	5	9
6	7	3	5	5	1
3	1	9	7	3	2
7	9	1	3	7	8
5	8	2	4	6	9

87. 256張

大腦筆記

當每個小丑取去自己的一等份遊戲券後，餘下的數量相等於其他 3 個小丑的總數量。

- 第四個小丑未取時，有遊戲券：81 ÷ 3 × 4 = 108（張）。
- 第三個小丑未取時，有遊戲券：108 ÷ 3 × 4 = 144（張）。
- 第二個小丑未取時，有遊戲券：144 ÷ 3 × 4 = 192（張）。
- 第一個小丑未取時，有遊戲券：192 ÷ 3 × 4 = 256（張）。

85. 第三橫行：N；
第四橫行：R。

大腦筆記

A至Z和1至26的對照表如下：

A	B	C	D	E	F	G	H	I	J	K	L	M
1	2	3	4	5	6	7	8	9	10	11	12	13
N	O	P	Q	R	S	T	U	V	W	X	Y	Z
14	15	16	17	18	19	20	21	22	23	24	25	26

以每一橫行來計算：第一個數 × 第三個數 － 第二個數 = 第四個數

- 第三橫行：
  3 × 11 － 19 = 14
- 第四橫行：
  21 × 2 － 18 = 24

88. 1350元

大腦筆記

俊	20	25	30	35	40	…	25		
哥				35	40	…		…	15

- 利用上表，灰色部分表示兩人儲蓄的金額相同。
- 在藍色部分哥哥儲蓄了：
  （20 ＋ 25 ＋ 30 ＋ 25）－ 15 ＝ 85（元），從而推斷出下表的結果。

俊	20	25	30	35	40	…	80	25	
哥				35	40	…	80	85	15

- 俊俊和哥哥各儲蓄了675元。
- 因此，這部遊戲機售：
  675 × 2 ＝ 1350（元）。

89. 餘下一個木箱的金幣數量是2枚，小偷最後帶走了木箱「3535」。

大腦筆記

先把各數位的數字相加，如果不是個位數，再把各數位的數字相加，直至得出個位數，即4 ＋ 9 ＋ 0 ＋ 7 ＝ 20 ＝ 2 ＋ 0 ＝ 2。

90. 520人

大腦筆記

（268 ＋ 197 ＋ 234）－ （105 ＋ 86 ＋ 52）＋ 19 ＋ 45 ＝ 520（人）

91. B和D；C和G；E和H

大腦筆記

每個藍色圓形代表1，每個啡色圓形代表5。在每對圖中，先把各圖中所有圓形代表的數相加，然後把兩個圖的結果相乘，都會得出60。

92. ✳代表2；⚡代表0；☾代表5。

大腦筆記

千位數字乘以十位數字，百位數字乘以個位數字，這兩個積之差的規律是 3，6，9，12，15，18。

3	6	9
3	6	9
12	15	18
12	15	18

93. 第一橫行：31；
    第三橫行：41。

大腦筆記

> 把旗子的數自乘一次，然後根據帽子顏色加上一個數：紫色加上5，橙色加上15，藍色加上25。
> - 第一橫行：
> $4 \times 4 + 15 = 31$
> - 第三橫行：
> $6 \times 6 + 5 = 41$

94. 775元

大腦筆記

> 2021年：
> $8800 \div 2 + 100$
> $= 4500$（元）
>
> 2022年：
> $8800 \div 2 \div 2 + 200$
> $= 2400$（元）
>
> 2023年：
> $8800 \div 2 \div 2 \div 2 + 300$
> $= 1400$（元）
>
> 2024年：
> $8800 \div 2 \div 2 \div 2 \div 2$
> $+ 400 = 950$（元）
>
> 2025年：
> $8800 \div 2 \div 2 \div 2 \div 2$
> $\div 2 + 500 = 775$（元）

95. P代表24；Q代表9；R代表15；S代表5。

大腦筆記

> - 從「$\frac{P}{2} + \frac{Q}{3} = 15$」，得知 $\frac{P}{2}$ 和 $\frac{Q}{3}$ 必定是整數，從而得知Q是3的倍數。
> - 從「$\frac{R}{3} = S$」，得知R是3的倍數；再從「$P - Q = R$」，得知P也是3的倍數。
>
> 因此，$\frac{P}{2}$ 是3的倍數。
>
> 在15的組合中，只有3和12及6和9符合條件。
>
> - $\frac{P}{2}$ 比 $\frac{Q}{3}$ 大，因此不用考慮 $\frac{P}{2} = 3$ 或 6。
> - 考慮 $\frac{P}{2} = 9$ 和 $\frac{Q}{3} = 6$，則 $P = 18$ 和 $Q = 18$，因此R $= 0$，不符合條件。
> - 考慮 $\frac{P}{2} = 12$ 和 $\frac{Q}{3} = 3$，則 $P = 24$ 和 $Q = 9$，因此R $= 15$ 和 $S = 5$。

96. 綠色空格：；橙色空格：●；紫色空格：⬡。

➕➖➗✖️ 大腦筆記

整個圖由8個下圖拼砌而成，每個圖形中的12個符號包含5個●、4個■，2個●和1個⬡。

97. 42613

➕➖➗✖️ 大腦筆記

- 從「E × B × D = 6」和「A × E × B = 24」，得知A是D的4倍。
- 從「A × D × E = 12」和「A × E × B = 24」，得知B是D的2倍。
- 因「D × B × A = 8」，而只有1、2和4的積是8，所以A代表4，B代表2和D代表1。
- 因「B × A × C = 48」，即2 × 4 × C = 48，所以C代表6。
- 因「E × B × D = 6」，即E × 2 × 1 = 6，所以E代表3。

98.

9045	9049	9009
8309	6309	9309
8109	8119	8118

➕➖➗✖️ 大腦筆記

- 改動次序：從個位數字到千位數字，再從千位數字到個位數字。
- 改動規律：+4，−4，+3，−3，+2，−2，+1，−1。

99. 512

➕➖➗✖️ 大腦筆記

- 從第一道算式，得知 ▲ = ■■ + 16。
- 把第三道算式寫成「■■ + ■■ + 16 = 48」，即 ■■ + ■■ = 32，所以 ■■ = 16和 ▲ = 32。
- 從而把第二道算式寫成「■ − 32 = 32」，因此 ■ = 64。
- 由於 ■ 的大小是 ■ 的4倍，因此 ■ = 64 ÷ 4 = 16。
- 因此 ■ × ▲ = 16 × 32 = 512。

100. 從左面數起，當組長日期及吃的包點如下：

排第一	排第二	排第三	排第四	排第五	排第六
星期二	星期四	星期六	星期五	星期一	星期三
叉燒包	奶黃包	蓮蓉包	菜肉包	芝麻包	芋蓉包

大腦筆記

- 從⑥，得知吃芝麻包、芋蓉包和菜肉包動物可能是在星期一、三、五或二、四、六當組長；從①，得知吃蓮蓉包的比吃菜肉包的較遲當組長，表示只能是一、三、五的組合，而吃蓮蓉包的是在星期六當組長。

- 從⑤，得知吃叉燒包動物不是星期四當組長。

那就可知道各動物在星期一至六分別吃什麼包點：

一	二	三	四	五	六
芝麻	叉燒	芋蓉	奶黃	菜肉	蓮蓉

再根據資料②、③、⑤，可得出下表的結果：

星期	包點	一	二	三	四	五	六
				次序			
一	芝麻		✗	✗			✗
二	叉燒		✗	✗			✗
三	芋蓉						
四	奶黃						
五	菜肉						
六	蓮蓉	✗			✗	✗	

- 從⑤，得知吃叉燒包動物是穿藍衣，但不是坐在同樣是穿藍衣的吃芝麻包動物旁邊，因此他只能是排第一。

- 從④，得知星期五當組長的動物排第四。

- 餘下穿藍衣的只能是吃芝麻包動物。

那就可得出下表的結果：

星期	包點	一	二	三	四	五	六
				次序			
一	芝麻	✗	✗	✗	✗	✓	✗
二	叉燒	✓	✗	✗	✗	✗	✗
三	芋蓉	✗				✗	
四	奶黃	✗				✗	
五	菜肉	✗	✗	✗	✓	✗	✗
六	蓮蓉	✗			✗	✗	

- 從③，得知吃蓮蓉包動物排第三。

- 從②，得知吃奶黃包動物排第二。

- 最後只餘下吃芋蓉包的動物，即排第六。

腦力對戰棋

終點
GOAL

參加人數 2人

玩法
1. 先按本書後摺頁的指示製作棋子和骰子。
2. 每人選取一顆棋子，各自放在起點。
3. 每人各擲一顆骰子，然後把點數相乘。
4. 按結果鬥快完成書中相應的題目。
5. 先完成而又答對的人前進一格。
6. 最先到達終點的人勝出。

起點